凉快的脚

COLD FEET

Gunter Pauli

冈特·鲍利 著

李康民 译 李佩珍 校

学林出版社

目 录　　　COntEnT

一棵草莓和一棵小萝卜正在寻找新的落脚点。他们来到南非海岸，发现了非常合适的土壤。但是，那里没有水。

　　"这儿的土壤里好东西真多，我们现在唯一需要的就是水。"小萝卜发表意见道。

A strawberry and a radish are looking for a new place to settle down. They arrive on the coast of Southern Africa and find just the right soil. But there is no water.

"This soil is full of goodies, all we need is water here," claims the radish.

他们发现了非常合适的土壤

They find just the right soil

但是，这里一滴水也没有！

But there is not a drop of water!

"没错，但是，这里一滴水也没有，我们可不能待在这里。"

"得了吧，从积极方面想一想嘛！这里有阳光、沙土，正是我们俩都喜欢的。"小萝卜说。

"Yes, but there is not a drop of water. We can't stay here."

"Come on, think positively. There is sun and sandy soil, the type we both like," says the radish.

"阳光？你倒是容易，你只要在沙地里把根扎得深一点就行了，而我的果实却是挂在地面上的，我的脚会热得发烫，脸颊也会被阳光灼伤。"草莓答道。

"但海洋就在我们身旁，它可以让我们保持凉爽啊！"

"你是在开玩笑吧。你应该清楚，海里的咸水会把我们杀死的。盐分会破坏我们生存的土壤。"

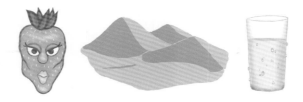

"The sun? You have it easy, you just grow deep in the sand, but my berries hang on the ground, I will have hot feet and burned cheeks," responds the strawberry.

"But we have the ocean next door that will keep us cool."

"You must be kidding. You know very well that salt water will kill us. Salt on our soil destroys it forever."

你只要在沙地里把根扎得
深一点就行了！

You just grow deep in
the sand!

海水是温的还是凉的？

Is the ocean water warm or cold?

"海水是温的还是凉的？"小萝卜问，
"让我们试试看……"
　　他们走向海滩，发现海水冰冷冰冷的。

"Is the ocean water warm or cold?" asks the radish. "Let's find out..."

They walk to the beach. The water is ice-cold.

"哦，这海水一定是从南极来的，我觉得太冷了！"草莓尖声叫着。

"有那么冷吗？好！想一想，当你在大热天有一杯冰柠檬汁时会发生什么？"

"Brrrr, this must come from the South Pole, it is far too cold for me," screams the strawberry.

"That cold? Great! Just think about what happens when you have a cold glass of lemonade on a hot day!"

哦，这海水一定是从南极来的！

Brrrr, this must come from the South Pole!

那不是出汗，它叫冷凝

This is not sweating, it is called
condensation

"这不公平，你会让我渴死，你知道我不能喝海水的。"

"回答问题前请先想一想！在海滩上放一杯可口的冰柠檬汁会发生什么？"

"出汗喽。"

"不不不，那不是出汗，它叫冷凝。"

"那是什么？"

ᵉᵉThis is not fair, you make me thirsty and you know I cannot stand drinking salt water."

"Think before you answer please! What happens to a nice glass of cold lemonade at the beach?"

"It sweats."

"No, no, no, this is not sweating, it is called condensation."

"What is that?"

"空气中总是含有水分，叫湿气。假如空气中水分很多，空气就变得湿糊糊的；假如空气中只有一点点水分，你的皮肤就会发干。所以，假如我们把一根管子架在我们头上，让冰冷的海水从管子里通过来，我们所需要的水就会滴在我们的叶子上了。"

"There is always some water in the air, called humidity. If there is a lot of water in the air, the air gets sticky, if there is only a little, your skin dries out. So if we pump cold water through a pipe, hanging above us, we will have all the water we need dripping on our leaves."

我们所需要的水就会滴在我们的
叶子上了!

We will have all the water we need
dripping on our leaves!

我们就永远会有水了！

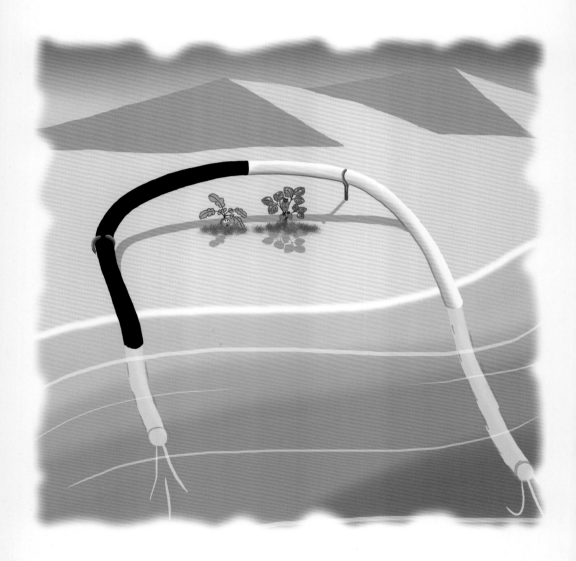

And we will have water forever!

"这就像洗淋浴一样，那你不需要用一只抽水机吗？"

　　"用不着，只要管子的一头是白的，另一头是黑的，水就会流回大海，我们就永远会有水了。"

"To have a shower like that, don't you need a pump?"

"No, the water will flow back to the sea as long as the pipe is white at one end and black at the other end. And we will have water forever."

"如果真的那么容易，就在我的根部再装一根管子吧，那样我的脚就凉快多了。那会使我的草莓更加香甜。"

……这仅仅是开始！……

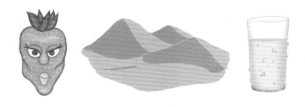

"If it is that easy, let me have a second pipe along my roots so I can have cold feet. That will make my berries very sweet."

... AND IT HAS ONLY JUST BEGUN! ...

······这仅仅是开始! ······

... AND IT HAS ONLY JUST BEGUN! ...

你知道吗？

冷凝是湿空气冷却到结露点以下水分子自己形成水滴的现象。如果冷凝发生在某一高度，就形成云层。假如靠近地面，就产生雾。在地表形成的话，就产生露珠。

水在自然界有三种形态。固态包括冰、雹、雪；液态包括水、海洋、河流和湖泊；气态包括云以及像烧开水时所产生的水蒸气。

　　世界上任何地方，甚至是沙漠，在空气中和地下都有水分。空气中的水永远是可再生的，地下水通常形成于很久以前，被称为矿物水。矿物水的再生非常缓慢。

　　人体的大部分也是由水组成的。婴儿体重的83%是水。随着成长，水的百分比会减少。成年男性的水约占身体的60%，成年女性则可低到只有45%。

　　淡水占地球总水量的 1% 不到。假如我们可以用整个地球的水装满 100 个水桶的话，96 桶是咸水，3 桶是冰冻水，只有 1 桶是淡水。

　　草莓给我们提供 β 胡萝卜素、维生素 E 以及大量维生素 C，所有这些能帮助我们建立免疫系统。一个健康的免疫系统能帮助修复伤口，并促进对铁的吸收。

想 一 想

草莓为什么认为没有淡水他们就无法生存？

小萝卜从积极方面认识和考虑他们新发现的地方，你认为这样好吗？

你认为小萝卜教草莓有关冷凝的知识有趣吗？

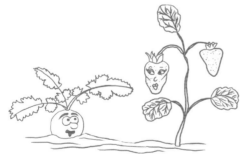

你认为小萝卜提出在他们上方架一根冷水管以便获得冷凝水的想法是一个好主意吗？

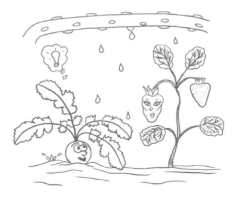

自己动手！ Do it yourself!

让一个大人帮助你做下列实验：

你需要的东西：一个带软木塞的瓶子、一颗钉子、一把榔头和热水。

先用钉子和榔头在软木塞上打一个孔，然后，把瓶子浸在热水中，盖上软木塞。尽量把空气通过软木塞上的孔吹进瓶子里，并立即用手指把孔堵住，使空气不会跑出来，然后取出软木塞。告诉我们，你看到了什么？

学 科 知 识
Academic Knowledge

生物学	(1)耐盐植物的种植。(2)在沙土里长得茂盛的蔬菜。(3)植物如何制造糖分。(4)挑选能收集水的植物和树木以及消耗水的植物和树木。
化　学	咸水、硬水和软水的区别。
物　理	(1)如何减少管子里的摩擦?(2)黑色管子与白色管子的作用。(3)连通器的原理。(4)水力学。(5)利用冷凝作用从空气中收集水分。(6)水的透光性。
工程学	(1)利用从空气中捕获的水分进行灌溉的系统。(2)空调系统。(3)由微小的温差产生能量。(4)在没有移动部件的情况下利用黑白色彩的工程学来提供一个简易的解决办法。(5)收集云彩。
经济学	节约能源的创新计划,特别是抽水系统。抽水系统约占生产过程中能源消耗的10%。
伦理学	尊重自然系统。
历　史	古老文明如何灌溉。
地　理	沿海地区的气候学;风和雨量。
数　学	计算环境中水的通量、温差和基于空气湿度水平的冷凝量。
生活方式	在不熟悉的环境中找出创造性的解决办法。
心理学	反直觉地思考以及跳出窠臼看问题。
系统论	把人类看作自然的一部分。

情 感 智 慧
Emotional Intelligence

小萝卜

小萝卜直觉地认识到他们所找到的落脚点的潜力。小萝卜知道他的朋友并不相信会有什么解决办法。他能控制自己的情绪。小萝卜直截了当地要草莓从积极方面考虑问题，努力克服心理障碍。小萝卜花时间进行观察，也让他的朋友观察，但是，草莓的进步不够快。小萝卜显示出了自控能力，成功地激发了草莓的热情，改变了她的态度。结论突出了凡事怀疑和愿意跳出窠臼进行思索之间的不同，即：在没人看到可能性时看到了可能性。小萝卜在一天快结束时，从双方的利益出发，发现了沿岸沙漠生态系统的隐藏潜力。同时，小萝卜保持着对他朋友强烈的理解。

草 莓

草莓知道她的朋友萝卜鼓励她去了解自己不知道的事情。开始她没做好准备去了解这种独特的可能性。很明显，草莓限于她的能力无法打破常规，但是，她仔细地倾听每个相反的观点。她不表露自己的感情，只是勇往直前。她对情感控制得很好，起初表达了继续听下去的愿望，然后谈到她自己的局限性，最后对小萝卜的指导意见产生兴趣，甚至准备做一些试验（冷水或热水）。草莓对给她的脚带来一丝凉意能让她的果实更甘甜的积极效果感到很高兴，最终，小萝卜成功地改变了他朋友的负面看法。草莓很满意，意识到她有机会比曾经设想的更有效率地生长。小萝卜处理与草莓讨论问题的方式是一个如何超越常规，看待最初似乎难以被人接受的问题的例子。

思 维 拓 展
Systems: Making the Connections

对于人类不能生存的生态系统，我们称它们是不宜居住的。沿海沙漠至今只有少数人聚居。请注意，属于大自然五个王国的所有其他物种都知道在这么困难的条件下如何生活和发展，但地球上最晚出现的人类却尚未学会如何有效地、可持续地利用当地丰富的能源和资源。非洲、澳大利亚、拉丁美洲和沿太平洋的沿海沙漠在过去只看到一片荒凉，现在却发现了丰富的资源，这些事例能让我们得到鼓舞。假如我们准备好在现有力量的基础上通过多种过程寻找解决方法，那么，我们就能针对缺水和无遮荫的沙地形成的积热找到可持续的解决办法。另一方面，海洋是水的最大资源库，但它是咸的，所以被认为是没用的。假如海水是冷的，那它就能使空气中的水产生冷凝现象，并提供一种可再生的甘甜可口的软水。在智利沿海岸收集浓雾以及在夏威夷本岛的干燥区域搞冷水农业，都是极好的范例。这样的实践还可进一步扩大，举例说，改变水管的颜色——从黑到白。这样做既利用了自然的力量，也有助于获得简单且由丰富的能源驱动的可持续解决方案，甚至不需要什么维护。

动 手 能 力
Capacity to Implement

拿两根塑料管，让水流过管子。先拿一根黑的，让正常的自来水通过。在中午天热时让水流过水管。然后，当外面天冷时，比如日出前的清晨，让水流过水管。你观察到有什么不同吗？第二步，做同样的练习，但用一根白色的水管，一次在清晨，一次在中午，让自来水流过水管。你能发现早晨和中午有什么不同吗？好，比较一下黑白水管的结果。你建议下一步做什么？

艺 术
Arts

让我们利用布条试验一下黑白效应。通过舞蹈动作或简单地舞动你的手臂使布条产生戏剧化的光学效果。观察带有黑白条纹东西的旋转，看看有什么视觉效果。研究一下阴阳太极图，看一看黑和白在你脑中如何浮现。就像舞蹈和表演中的多种表达形式一样，黑与白提供了独特的组合。

译者的话
Words of Translator

水是地球上最宝贵的资源，但是，水在地球上的分布是很不均匀的，而可以利用的淡水则更少。因此，除了节约淡水资源，我们还需要学会如何合理利用淡水，以及怎么把富含盐分的海水转化成淡水资源。这个故事里的草莓和小萝卜，给我们做出了很好的榜样。有时候，简单的方法也能收获巨大的成果。

故事灵感来自

约翰·P·克雷文　John P. Craven

约翰·P·克雷文 1924 年出生在美国纽约布鲁克林，1946 年在康奈尔大学获科学学士，又在该校获得海洋工程博士学位。然后，他又到华盛顿哥伦比亚特区的乔治·华盛顿大学国家法律中心就读，于 1985 年获得法律博士学位。约翰·P·克雷文博士是夏威夷州、伊利诺伊州和哥伦比亚特区律师团成员。克雷文博士也被允许在联邦上诉法院管辖区执业。

约翰·P·克雷文博士有 40 多年的海洋系统创新、发展、设计、建筑和作业布局经验。年轻时在布鲁克林技校期间他就喜欢海洋技术，经常徜徉于长岛的海滩和纽约城的海边。在第二次世界大战期间，他在执勤于西南太平洋的"新墨西哥号"巡洋舰上担任舵手，获得过两枚勋章。

获得博士学位后，他在美国海军担任检修科学家、技术专家，拥有"长鳍金枪号"、"鹦鹉螺号"及"狼鲈号"潜艇的开发经验。他由此获得了两项文职人员服务奖。34 岁时，他被选为海军特种项目办公室首席科学家。完成这些任务后，他回到民用海洋技术的研究，定居在夏威夷，担任夏威夷大学海洋计划系主任和夏威夷州海洋事物协调官。他负责建立自然能源实验室、创立微海洋热能转换系统以及夏威夷水下研究实验室的开发和最初的运转。

1990 他建立了共同遗产公司，来对人类共同遗产的利益进行创新管理。他也是美国国家工程院院士。

出版物

* CRAVEN, John P.The Silent War: The Cold War Battle beneath the Sea; the Management of Pacific Marine Resources; the Management of Pacific Marine Resources. Present Problems and Future Trends; the Silent War; Ocean Engineering Systems.

* CLEVELAND, Harlan; CRAVEN, John P. Hero as Statesman: Political Leadership in Military Defense.

网页

* http://www.aloha.com/~craven/board.html

* http://www.commonheritagecorp.com/

图书在版编目（CIP）数据

凉快的脚 ／（比）鲍利著 ；李康民译 ． -- 上海 ：
学林出版社，2014.4
（冈特生态童书）
ISBN 978-7-5486-0662-8

Ⅰ．①凉… Ⅱ．①鲍… ②李… Ⅲ．①生态环境 -
环境保护 - 儿童读物 Ⅳ．① X171.1-49

中国版本图书馆 CIP 数据核字 (2014) 第 021000 号

_ _

冈特生态童书
凉快的脚

作　　者——冈特·鲍利
译　　者——李康民
策　　划——匡志强
责任编辑——李西曦
装帧设计——魏　来
出　　版——上海世纪出版股份有限公司 学林出版社
　　　　　　（上海钦州南路 81 号 3 楼）
　　　　　　电话：64515005 传真：64515005
发　　行——上海世纪出版股份有限公司发行中心
　　　　　　（上海福建中路 193 号 网址：www.ewen.cc）
印　　刷——上海图宇印刷有限公司
开　　本——710×1020　1/16
印　　张——2
字　　数——5 万
版　　次——2014 年 4 月第 1 版
　　　　　　2014 年 4 月第 1 次印刷
书　　号——ISBN 978-7-5486-0662-8/G · 226
定　　价——10.00 元

（如发生印刷、装订质量问题，读者可向工厂调换）